Gaston de Saporta

La Paléontologie appliquée à l'étude des races humaines

Essai

ISBN : 978-1546499282

10 9 8 7 6 5 4 3 2 1

Gaston de Saporta

La Paléontologie appliquée à l'étude des races humaines

Essai

Table de Matières

Introduction

D'où est venue l'humanité ? comment sont nées les races qui la divisent ? dans quel ordre se sont combinés les éléments complexes dont les peuples actuels sont formés ? La pensée se trouble bientôt lorsqu'elle envisage cette série de questions encore si obscures. C'est cependant à les résoudre qu'une foule d'esprits sérieux ont consacré de nos jours toute leur énergie. Ils se sont jetés avec ardeur dans une carrière à peine ouverte, et, si jusqu'à présent on n'a guère fait que sonder les difficultés de l'entreprise, il n'en est pas moins vrai qu'une science nouvelle a été rapidement fondée, qu'elle a recueilli les documents les plus précieux et préparé les termes d'une solution dont l'avenir garde encore le secret.

Le problème des origines de l'homme a cela de particulier qu'il ne relève pas d'une seule branche de connaissances ; il constitue un terrain sur lequel plusieurs sciences se sont donné rendez-vous, et ce rapprochement leur a fourni l'occasion d'un contrôle mutuel. La critique historique, l'archéologie, la linguistique, l'anatomie comparée, l'ethnologie, la paléontologie et la géologie tendent ici au même but, malgré la diversité des procédés que chacune emploie. Le résultat final, encore inconnu, ne saurait pourtant demeurer toujours inaccessible ; il est permis de croire que la solution ne se fera pas attendre, si l'on mesure l'étendue et la rapidité des progrès accomplis. Il y a dix ans à peine, les découvertes relatives aux premiers âges de l'humanité étaient encore frappées d'une sorte de discrédit ; on souriait en parlant des objets que certains savants voulaient faire passer pour des instruments primitifs. Maintenant, après avoir vu les parties de la dernière exposition consacrées aux plus vieux spécimens du travail de nos ancêtres et les magnifiques salles du musée de Saint-Germain, on est saisi d'étonnement comme devant une révélation inattendue. On est surpris que l'ignorance ou les préjugés aient pu si longtemps dérober la signification de tant de vestiges, armes, ornements, ustensiles de toute nature, en silex taillé ou poli, en jade, en serpentine, les uns informes, d'autres d'un fini qui en fait de véritables objets d'art. On ne comprend pas qu'une opinion presque générale ait pu naguère encore circonscrire dans d'étroites limites le passé de notre espèce.

Gaston de Saporta

L'antiquité, moins inconséquente, avait gardé un sentiment confus de cette période primitive. Les traditions légendaires débutent toutes par un âge où les hommes, errant sans lois et sans mœurs ; ignorent l'art de semer le blé, de conduire la charrue, habitent dans des cavernes et se nourrissent de fruits sauvages. La culture, la société, les cérémonies de la religion, sont des inventions dont le bienfait est attribué à des personnages divinisés. Menés, Prométhée, Cérès, Triptolème, Saturne et Janus révèlent les premiers éléments de la civilisation et des arts nécessaires à la vie. La notion d'un passé très reculé se joignait à celle d'un état originairement sauvage, et cette notion est plus particulièrement développée chez les peuples dont les annales remontent le plus loin, comme les Égyptiens, les Chaldéens et les Hindous. De tout temps, l'homme avait cru à l'ancienneté de sa race ; si l'opinion opposée a depuis prévalu et se maintient encore avec une sorte de parti-pris, cette tendance doit être attribuée à l'influence des idées chrétiennes, s'appuyant d'une interprétation trop étroite de la Bible. Ce qu'on nomme la chronologie biblique ne repose en définitive que sur une série de listes généalogiques dont les noms correspondent à des races et à des périodes indéterminées plutôt qu'à des individualités réelles. L'idée de retirer de ces éléments une chronologie régulière a néanmoins persisté jusqu'à nous., elle a même paru un instant justifiée par les premières théories géologiques et par l'homme remarquable en qui elles vinrent se personnifier. Malheureusement, ainsi que l'a démontré M. d'Archiac, les idées géologiques de Cuvier sont loin d'être à la hauteur de son génie ; son *Discours sur les révolutions du globe*, si souvent invoqué comme fournissant des arguments irrésistibles en faveur de la nouveauté de l'homme, n'a en réalité aucune base sérieuse. Autorité souveraine en zoologie et en anatomie comparée, Cuvier ne possède sur la distribution relative des couches du sol et sur les phénomènes qui en ont successivement modifié la surface que des théories vagues, construites en dehors des faits. Il est préoccupé par la pensée d'établir un certain nombre de révolutions générales et d'anéantir chaque fois la vie organique, pour la faire renaître ensuite sous de nouvelles formes ; il veut faire concorder ces périodes imaginaires avec les jours bibliques, et enfin il conclut que l'existence de l'homme ne remonte pas au-delà des six mille ans traditionnels. En affirmant ainsi la nouveauté de l'homme, Cuvier se basait sur l'absence de vestiges humains dans les dépôts qui ne sont pas tout à fait récents ; mais ces vestiges existent dans tous ces dépôts, dont la véritable nature lui avait d'ailleurs échappé. Les effets de la grande révolution par laquelle il explique le *diluvium* n'ont en réalité rien de commun avec les phénomènes complexes du terrain *quaternaire* des géologues modernes, lequel n'est autre que le *diluvium* de Cuvier. Ces théories se sont évanouies devant la science contemporaine, qui pose en principe la continuité des phénomènes de la vie et, comme conséquence, la juxtaposition des races actuelles et des races éteintes durant cette période quaternaire pendant laquelle l'homme n'a cessé d'accroître ses forces et de se multiplier sur la terre.

Buffon, antérieur à Cuvier et plus ignorant que lui, mais moins prévenu, avait des vues plus larges sur le passé de l'homme ; il indique les haches de pierre comme les plus anciens monuments de l'art *à l'état de pure nature* ; il esquisse à grands traits les premières luttes contre les forces brutes et les animaux féroces ; il fait ressortir la longue suite de siècles que supposent certaines traditions et les procédés scientifiques des premiers peuples. Les assertions de Buffon sur l'Atlantide et la réunion probable des deux continents au nord se trouvent aussi confirmées par la plupart des observateurs modernes ; mais le grand écrivain comprenait lui-même combien étaient insuffisantes les notions dans lesquelles il puisait, et qui n'étaient pour ainsi dire que les rêves de l'avenir. La science de nos jours a été plus sûre dans ses procédés et plus féconde dans ses résultats. Nul ne pourrait dire ce qu'il a fallu d'efforts réunis et de recherches patientes pour arriver à tracer les premiers linéaments de cette histoire du développement originaire de l'homme. On y est parvenu par l'analyse des langues, l'étude des plus anciens monuments, des débris enfouis dans le sol, du sol lui-même, dont les couches permettent de saisir, avec les objets qu'elles recèlent, la nature des événements et des êtres contemporains. Maintenant l'humanité, comme l'enfant devenu adulte, interroge autour d'elle, et cherche à reconstruire le tableau d'un âge qu'elle ignore et qu'elle a pourtant traversé ; il est possible d'en esquisser déjà quelques traits.

Gaston de Saporta

I. — La paléontologie du langage et les grandes races asiatiques.

Le terme de *paléontologie* appliqué à la linguistique, en tant qu'elle a pour but l'analyse des éléments primitifs du langage, a été adopté par M. À. Pictet dans son ouvrage sur les *Origines indo-européennes*, presque en même temps M. Max Müller mettait la linguistique comparée au rang des sciences naturelles en démontrant qu'elle en empruntait les procédés. Il n'y a là en effet rien qui ressemble à l'étude du mécanisme intérieur et de l'esthétique littéraire des langues ; elles ne sont plus que des matériaux inertes, qu'il faut recueillir précieusement pour en opérer le classement et en rechercher les vicissitudes. Considérés de cette façon, les éléments du langage prennent une réalité objective ; ce sont les fossiles caractéristiques de ces couches d'alluvion que le flot des générations laisse à mesure qu'il se retire ; ils servent à en déterminer la nature et l'âge relatif, aussi bien que les fossiles dont la paléontologie ordinaire tire si bien parti. Comme elle, la paléontologie linguistique recherche dans les mots et les éléments des mots ou racines la trace irrécusable des faits dont ils ont gardé l'empreinte ; elle nous transporte bien au-delà des temps historiques, et d'autres sciences nous viennent ensuite en aide pour pénétrer encore plus avant. L'histoire même d'ailleurs a de nos jours agrandi son domaine ; la lecture des hiéroglyphes égyptiens et des caractères cunéiformes de la Perse et de la Babylonie a ouvert des horizons entièrement nouveaux. On est remonté, à l'aide de monuments certains, jusqu'à la quatrième dynastie, c'est-à-dire après de quatre mille ans avant l'ère chrétienne. La connaissance des inscriptions cunéiformes, acquise par un enchaînement de méthodes ingénieuses et de prodiges de patiente érudition,[1] a révélé également l'existence des antiques monarchies chaldéennes. Ainsi à cette époque reculée la vie politique, sociale et industrielle avait créé des centres considérables sur les bords du Nil et de l'Euphrate, quand les Aryas, la plus jeune des races asiatiques, étaient encore renfermés dans une région montagneuse vers le centre du continent. C'est aux Aryas, on le sait, que l'Europe de nos jours se rattache directement. Elle leur doit ses mœurs, ses tendances, ses idiomes ; elle tient d'eux la hardiesse et la flexibilité,

---

1 Voyez, dans la *Revue* du 15 mars 1868, un article de M. Alfred Maury intitulé *Babylone et Ninive d'après les récentes découvertes de l'archéologie.*

la vigueur et la grâce, la fécondité d'invention et l'idéalisme tempéré par un juste sentiment du réel, qui caractérisent son génie. L'intérêt qui s'attache au sanscrit et au zend s'explique ainsi de lui-même.

Grâce aux travaux des philologues anglais, étendus et complétés par ceux de l'illustre Burnouf, d'Ewald, des frères Grimm et dernièrement de M. Max Müller, la paléontologie linguistique a été fondée par le dépouillement de toutes les formes propres aux idiomes aryens. On a pu reconnaître alors jusqu'à quel point le caprice se trouve exclu des combinaisons grammaticales en apparence les plus irrégulières. Soumise à une marche dont elle ne s'écarte jamais, chaque famille de langues a son organisation caractéristique qui persiste au milieu des changements les plus complets. L'étymologie n'est plus un simple jeu de l'esprit ; elle se trouve astreinte à des règles inflexibles. C'est ainsi qu'à travers une foule de modifications partielles on remonte de branche en branche jusqu'à la souche mère et à la racine la plus ancienne. Or, le mot n'étant chez l'homme que l'expression matérielle de l'idée, il est visible que toutes les races chez qui le même mot est resté en usage ont dû être originairement en possession commune de l'idée ou de l'objet que ce mot représente. C'est une tâche de ce genre que s'est imposée M. A. Pictet en publiant le grand ouvrage où il a condensé toutes les recherches relatives aux Aryas primitifs. Malgré l'éblouissement que cause à l'esprit un tel assemblage de notions d'inégale valeur, au sortir de cette lecture on voit se dresser plein de vie le tableau de ces anciens âges, comme s'il s'agissait d'une société ou d'un pays que nous eussions encore sous les yeux. Dans la langue des Aryas, on retrouve presque intacts, à côté d'une foule de radicaux plus ou moins méconnaissables, certains mots encore en usage. Cette langue primitive doit elle-même avoir traversé plusieurs phases ; elle s'adapte évidemment à une longue période, pendant laquelle la race qui la parlait, d'abord compacte et condensée, a plusieurs fois changé de mœurs et d'habitudes, a vu ses liens se relâcher, et a commencé ce mouvement d'expansion qui du centre de l'Asie devait l'amener aux deux extrémités de l'ancien monde.

On a recherché la région d'où les Aryas primitifs sont sortis, et on a pu en fixer les limites au-delà du haut Indus et de l'Imaüs, non loin des sources de l'Oxus ; mais on se tromperait sans doute, si, mesurant la cause à la grandeur des résultats, on voyait une nation là où originairement il n'y a eu qu'un petit peuple, perdu au fond de quelques vallées. Le génie des races humaines est comme celui des contes arabes qui, après avoir quitté le vase étroit où Salomon l'avait enfermé, prenait rapidement des proportions gigantesques. Nul doute que les Aryas n'aient d'abord commencé de s'étendre sur les pays contigus à leur premier berceau. Ce qui a dû se passer alors s'explique beaucoup mieux en supposant une extension progressive qu'en imaginant de vastes migrations, sortes de colonies ambulantes se dirigeant vers un but déterminé. Dans cet état de diffusion, les parties les plus éloignées du centre se créent aisément de nouveaux intérêts ; on parle toujours la même langue, mais les diversités des dialectes finissent par s'accentuer, et la même influence dissolvante modifie la religion, les usages et les mœurs. Quand la race est jeune, ces différences se produisent avec d'autant plus de rapidité que le développement n'en est entravé par aucun de ces correctifs qui agissent chez les nations plus avancées, — la littérature, les traditions explicites, une organisation politique plus ou moins centralisée. Si tout est vague, comme le pense M. Renan, à l'origine du langage, avant que l'homme n'ait défini la portée des termes qu'il emploie, les éléments qui constituent la nationalité ne sont pas moins flottants à l'origine des sociétés ; celles-ci s'agitent inconscientes d'elles-mêmes, et marchent devant elles, oublieuses du passé, imprévoyantes de l'avenir.

Les Aryas, cédant à ce mouvement d'expansion, commençaient à se partager en plusieurs groupes à l'époque où nous reporte l'étude du sanscrit comparé avec le zend et les divers idiomes européens. La communauté originaire de langage, de pensées et d'usages ressort de cette comparaison avec une évidente clarté ; mais on voit en outre se dessiner des divergences de plus en plus marquées. Un fonds commun se laisse apercevoir dans lequel chaque groupe est venu puiser les expressions qu'il a préférées. Ce choix n'a d'ailleurs rien d'arbitraire ; si les diverses branches montrent un accord remarquable sur certains mots, c'est que l'idée représentée par ces mots s'applique à des objets que toutes ont également connus, et qui depuis n'ont pas assez changé pour motiver l'emploi d'une expression nouvelle. Dans d'autres cas, le vocabulaire ancien comprend plusieurs termes, et chaque groupe en a conservé un ;

I. — La paléontologie du langage et les grandes races asiatiques.

mais les découvertes postérieures à la séparation déterminent la formation de termes nouveaux ou détournés du sens primitif, communs aux seuls groupes qui ont connu l'objet que ces termes désignent. Ainsi bien des mots demeurés la propriété exclusive des Hindous et des Iraniens réunis ou de l'ensemble des races européennes permettent de croire que les Aryas, qui finirent par se diviser en autant de rameaux que l'on compte de familles de langues dérivées, se sont d'abord partagés en deux groupes, l'un oriental, l'autre occidental. Ce second groupe lui-même a dû un peu plus tard se scinder en trois autres, l'un correspondant aux Gréco-Latins, l'autre aux Celtes, le dernier enfin aux nations slavo-germaniques. Une foule d'indices, d'expressions et d'idées retenues en commun révèlent les stages prolongés que firent les tribus composant ces trois derniers groupes avant d'entreprendre le voyage de plusieurs siècles qui du fond des steppes les amena par divers chemins jusque dans le centre de l'Europe. Nous ne connaîtrions pas les hautes vallées du Belourtag, vers le cours supérieur de l'Oxus, où l'accord des principaux savants place le berceau des Aryas, que la paléontologie du langage nous en peindrait fidèlement l'aspect et les productions. Le pays devait être rude ; le froid, l'hiver, la neige, sont désignés par des mots constants et précis qui ont survécu partout dans les langues aryennes. Le sanscrit *hima*, froid, d'où Imaüs et Himalaya, correspond à *hiems* ; le zend *cniz*, neiger, au latin *nix* et au lithuanien *snigti*, de même que *gal*, froid en sanscrit, concorde avec notre *gal*, en latin *gelu*, en persan j'al, *en ancien allemand* kald, *en lithuanien* geluma. *La signification de vêtement donnée au printemps indique bien que les arbres dépouillés de leurs feuilles en revêtent alors de nouvelles ; la richesse des mots de toute sorte qui expriment le mouvement de l'eau, le cours des rivières et des torrents,*[1] *le sens de* diviser, *de* fendre, *appliqué aux vallées,*[2] *les termes variés qui désignent les*

---

[1] Il serait trop long de citer les noms de rivières dont l'étymologie se rattache directement au sanscrit ; la plupart des cours d'eau européens sont dans ce cas : au sanscrit *arna, arnava*, fleuve, répondent l'Arno, l'Arnon, l'Orne, l'Erne, le Rhin ; à *Vari, Var*, rivière, le Var, l'Arve, l'Aar ; à *Dravanti*, rivière rapide, la Durance, la Drave, la Drance, la Drôme, à *Taranta*, torrent, le Tarn, le Taro et le mot torrent lui-même. On doit encore rapprocher du sanscrit *avani*, en cymrique *awon*, rivière, l'Avon en Angleterre, l'Haveaune en Provence, l'*Avens* et l'*Aventia* en Étrurie. Il serait facile de multiplier ces exemples.

[2] Vallée se nomme en sanscrit *dara, dari, dardara*, en persan *darah*, en irlandais *dal*,

escarpements et l'idée de blancheur qui s'y joint, ces indices dénotent une région accidentée, coupée de montagnes neigeuses et de vallées profondes, sillonnée par des cours d'eau, des torrents et des cascades. Ce cadre prédisposait les Aryas à la vie pastorale, et tout la révèle en effet dans les éléments les plus primitifs de leur langage. L'enclos des vaches est le lieu où s'exerce l'hospitalité, où réside le père de famille, dont le nom se confond avec celui de pâtre ; la fille est celle qui les trait, la montagne le sol qui les porte. Les heures du jour, les notions d'opulence, de pauvreté, de violence, de ruse, sont toujours relatives à la possession ou à la perte du bétail et à ses habitudes. Les bœufs faisaient la principale richesse des Aryas, les vaches idéalisées se montraient à eux dans les nuages, dans les constellations, elles figuraient dans la mythologie. L'imagination vive de ce peuple avait déjà personnifié la plupart des scènes de la nature, dont les phénomènes, tantôt gracieux, tantôt terribles, éveillaient dans son âme une foule d'impressions mystérieuses. Les paysages qu'il avait sous les yeux ne différaient cependant pas sensiblement de ceux que nous sommes habitués à contempler ; rien de trop grandiose n'y accablait le génie de l'homme. Les pins, les sapins et les cèdres couronnaient les hauteurs ; le chêne. le hêtre, le bouleau, probablement l'if et le tilleul, formaient de vastes forêts, et le long des eaux courantes on remarquait le peuplier, le frêne, l'ormeau, le saule, l'aune, dont les anciens noms se sont transmis à peu près intacts jusqu'à nous. Les Aryas habitaient des maisons ou plutôt des cabanes couvertes d'un toit et fermées d'une porte, quelquefois groupées de manière à former des hameaux. Ils possédaient certainement des chariots montés sur un essieu, traînes par des bœufs accouplés et soumis au joug ; leurs armes étaient principalement des armes de jet, la pique, la lance, le javelot ; ils reconnaissaient des chefs dont le nom est encore celui de nos rois ; ils marchaient à la guerre, attaquaient ou défendaient des postes fortifiés, soutenaient des sièges. Tous les détails qui précèdent nous reportent à un âge où les Aryas vivaient réunis dans un pays peu étendu et observaient les mêmes coutumes ; mais cet état même, qui marque une sorte de civilisation relative, a dû s'établir peu à peu : on retrouve par l'analyse du langage les traces d'habitudes plus anciennes. Nous n'en citerons qu'un exemple qui semble frappant :

en ancien allemand *tal* ; **la racine sanscrite originaire est** *dar* et *dal*, qui signifie diviser, fendre, déchirer. — Le sanscrit *marmaru*, rocher, est reproduit exactement par le latin *marmor*, qui est devenu notre *marbre*.

1. — La paléontologie du langage et les grandes races asiatiques.

le nom principal de la pierre a une racine qui signifie acéré, et à laquelle se rattache aussi le nom de la hache. Il est naturel de penser que l'ancien emploi de la pierre lui aura fait d'abord appliquer un nom en rapport avec sa destination ; plus tard elle aura transmis ce nom à l'instrument de métal qui la remplaça, conservant ainsi pour elle-même le souvenir d'un usage depuis longtemps disparu.

Les Aryas se servaient donc des métaux avant leur séparation définitive ; on ne saurait en douter, quand on voit les noms de l'or et de l'argent reparaître avec un radical et une étymologie constante dans toutes les langues aryennes. Ils ont aussi connu le cuivre, l'étain et le bronze, particulièrement ce dernier alliage, dont le nom caractéristique s'est transmis presque sans altération à toutes les langues européennes ; ont-ils connu également le fer, comme M. Pictet paraît le croire ? En affirmant le contraire, nous nous conformons à l'opinion de M. Max Müller ; il est visible en effet que le nom primitif de l'airain, *ayns* en sanscrit, *œs* en latin, en gothique *ais*, a signifié d'abord en métal par excellence et par conséquent le plus ancien de tous, le bronze. Le même mot a été plus tard appliqué au fer en sanscrit et en zend ; mais les termes qui désignent ce métal dans d'autres langues, notamment en grec et en latin, sont tout différents ; cela prouve que l'usage du fer ne s'est répandu et généralisé qu'après la dispersion des Aryas primitifs. A la question de la découverte du fer vient s'en rattacher une autre plus difficile et presque aussi importante. Les Aryas, peuples d'abord pasteurs et qui certainement ont associé ensuite la culture du sol au soin des troupeaux, étaient-ils devenus principalement agriculteurs, comme le pense M. Müller ? Ce savant fait même dériver le nom d'Arya du genre de vie qu'aurait adopté cette race par opposition avec celui des Touraniens nomades qui les-entouraient. Il nous semble que cette idée, appuyée en apparence d'une foule de preuves, ne repose en réalité sur aucune base solide. Arya signifie en sanscrit généreux, fidèle, dévoué, excellent ; en zend, il signifie vénérable, et on le retrouve avec le sens d'illustre dans l'ancien nom de l'Irlande, *Erin* ; il est naturel qu'un peuple se nomme la race par excellence, et applique son nom aux qualités dont il se croit le type ; on pourrait en citer beaucoup d'exemples. Les mots qui expriment l'agriculture et particulièrement le labourage, auquel M. Müller rattache le nom d'*Arya*, ont au contraire dans l'idiome primitif

quelque chose de flottant, ce qui marque plutôt des habitudes
nouvelles en voie de transformation que des mœurs agricoles
assez fixes pour que les instruments aratoires aient pu transmettre
leurs noms sans altération. Toutefois, si au lieu de considérer
l'ensemble des Aryas on s'attache aux seules tribus européennes,
on voit le nom que nous donnons encore à la charrue, celui
d'*araire*, reparaître dans toutes les langues, depuis le grec jusqu'au
lithuanien, Le latin *arare*, le cymrique cru, l'ancien allemand *aran*,
le lithuanien *arti*, le slave *orati*, signifient également labourer, et en
latin les mots *arvum, ager, armentum, aratrum*, se rattachent à la
même racine. En sanscrit au contraire, la racine *ar* signifie *blesser,
déchirer*, mais non pas labourer ; le labour est désigné par le
mot *karsh*, qui n'a pas d'analogue en latin, et il en est de même des
termes relatifs aux semences et à la moisson. L'usage de la charrue
ne s'est donc propagé chez les peuples aryens que lorsqu'ils étaient
déjà divisés en deux groupes principaux. On ne saurait douter
cependant que dans l'état antérieur ils n'eussent déjà pratiqué
l'agriculture ; ils connaissaient plusieurs sortes de céréales, le
froment, l'orge, le seigle ; ils savaient moudre le grain, le réduire
en farine et en faire divers gâteaux ; la vigne, qui abondait à l'état
sauvage, leur fournissait du vin. En fait de fruits, ils avaient des
poires, des cerises, des noix, peut-être des châtaignes ; le prunier
ne semble avoir été connu qu'à l'état de buisson épineux qui servait
à faire du feu.

Du reste les caractères matériels de cette société sont loin d'être les
plus saillants ; le tour analytique des idées, le penchant philosophique
qui favorise l'abstraction, les tendances à la personnification des
forces de la nature et aux mythes, sont frappants chez les Aryas.
L'idée de Dieu, désigné par un nom qui a depuis persisté, se
manifeste clairement, mais elle se dissémine dans une foule de
cultes secondaires qui ont pour objet le ciel, la terre, le soleil, le feu,
l'air, l'aurore, en un mot les principaux aspects du monde visible.
Rien de plus simple d'abord que cette mythologie qui suppose
le divin partout où se montre un phénomène mystérieux. Ces
linéaments qui flottent encore indécis prendront un jour des traits
plus arrêtés ; la philosophie théologique, la plus ancienne de toutes,
viendra mêler ses conceptions aux naïves images d'une race jeune,
enthousiaste et déjà superstitieuse. Dès lors les mythes primitifs

I. — La paléontologie du langage et les grandes races asiatiques.

seront oubliés ou rejetés à l'arrière-plan ; le *Varuna* des Aryas se retrouve dans l'*Ouranos* des Grecs, l'*Uranus* des patins, mais il est devenu le père de Saturne, en grec *Chronos*, et le grand-père de Jupiter ; relégué au-delà du temps, il n'est plus qu'un ancêtre et un souvenir. La mer, chose singulière, était certainement connue de ces peuples, cantonnés au milieu des terres. Le nom qu'elle porte est synonyme de désert ; c'était donc une mer intérieure telle que la Caspienne ou l'Aral, qui semblent former le fond d'un immense désert de sable. On sait d'ailleurs que ces deux mers étaient autrefois beaucoup plus vastes ; les anciens Aryas les ont vues peut-être encore réunies en un seul bassin.

On a trop souvent tracé le tableau des voies divergentes que prirent les Aryas en s'éloignant du centre commun pour que nous ayons à y revenir en détail. Tandis que ceux du sud s'avançaient vers le haut Indus pour contourner l'Himalaya ou franchir les passes de l'Imaüs, que les Gréco-Latins suivaient le bord méridional de la Mer-Noire, les Celtes et après eux les Germains et les Slaves s'enfonçaient dans la Haute-Asie, partagés en tribus innombrables qui se contenaient, se repoussaient mutuellement, et devenaient étrangères les unes aux autres. Cet écoulement des races aryennes vers l'Occident dura pendant des siècles ; du temps d'Hérodote, il était loin d'être achevé. Le grand historien nous montre l'espace qui s'étend du Volga au Danube occupé par des peuples scythes dont il fait une énumération confuse. Il a cependant soin de les distinguer par familles de langues ; les uns sont à demi agricoles, les autres purement nomades. Ces peuples se pressent, se remplacent, se font la guerre. Il y a là des nations germaniques, comme les Gètes et les Massagètes, et des Slaves, comme les Sauromates ou Sarmates, établis au-dessus du Don. Les Gètes ou Goths diffèrent peu des Daces, lesquels, d'après Grimm, ont des liens incontestables avec les Danois ; ces peuples ont dû s'étendre de bonne heure du sud au nord et passer jusqu'en Scandinavie. On distingue même dans le récit d'Hérodote des nations associées aux Scythes, mais d'une origine différente, comme les Androphages, placés au-delà de vastes déserts en remontant le Borysthène, les Mélanchlœnes, les Argippéens à la tête rasée, au nez aplati, au menton saillant, plus reculés encore vers l'Oural. Là commencent des notions, fabuleuses aux yeux d'Hérodote, mais reposant sur un fond vrai, d'après lesquelles il existait dans cette direction des peuples qui donnaient pendant six mois. On reconnaît là des tribus errantes d'origine touranienne. L'historien fait ressortir leurs habitudes nomades et les différences de langage qui les distinguent des Scythes proprement dits, dont la descendance aryenne est généralement admise. Il n'est pas moins véridique en attribuant à ceux-ci l'art de faire le beurre, alors inconnu en Grèce, de tisser le chanvre au lieu du lin et d'en extraire une boisson fermentée. Le nom sanscrit du beurre, perdu dans les langues du midi, s'est conservé dans celles du nord ; quant an chanvre, il est certain que l'introduction de cette plante en Europe date de l'arrivée des Germains, qui la rapportèrent du fond de l'Asie.

Les détails que donne Hérodote sur ce qu'étaient l'aspect physique et le climat de la Russie méridionale cinq ou six siècles avant l'ère chrétienne sont également pleins d'intérêt. Pendant huit mois d'hiver, le sol était durci par la gelée, la mer elle-même se glaçait et portait des chariots ; à cette saison succédait un été court, pluvieux, chargé d'orages. Vers le nord, une tradition vague plaçait les Hyperboréens dans une région où la neige, tombant à gros flocons, obscurcissait l'atmosphère. Il s'agit sans doute de tribus finnoises ou même laponnes dont l'existence, perdue au sein de la nuit, envoyait pourtant des confins de la terre habitable comme un écho affaibli jusqu'aux populations de la Grèce.

Les Celtes ou Gaëls, qu'Hérodote place aux extrémités de l'Occident, y étaient arrivés avant les autres Aryas, après s'être arrêtés, à ce que croit M. Pictet, au pied du Caucase, dans l'Ibérie (pays des *Eres*) et l'Albanie (pays montagneux). Ces mêmes noms, lorsque les Gaëls vinrent en Europe, furent transportés par eux à l'île d'Érin (*Hibernia*) et à celle d'Albion, à la région de l'Èbre (*Iberia*) et à l'Albanie ; les Albanais modernes ont conservé la dénomination qui fut appliquée originairement par les Celtes à tous les peuples montagnards. Plus tard, les Cymris, rameau détaché de la même souche, vinrent rejoindre les Gaëls. Les traces de leur marche figurent parmi les plus anciens souvenirs historiques. Homère place les *Cimmériens* à l'extrémité de l'Océan, dans une contrée que la nuit enveloppe d'une ombre éternelle. Du temps d'Hérodote, les Cimmériens sont moins écartés ; chassés de leur pays, situé au nord-ouest du Caucase, ils font d'abord dans

I. — La paléontologie du langage et les grandes races asiatiques.

l'Asie-Mineure une invasion passagère, puis, se dirigeant vers l'Occident, vont se réunir aux Gaëls armoricains et à ceux d'Albion, à qui ils communiquent leurs idées religieuses, leur langue et leurs mœurs. Les Cimbres de l'histoire romaine sont les derniers venus de ces Cymris ; ce sont eux qui en passant ont laissé leur nom à la Chersonèse Cimbrique (le Jutland). Toutes ces invasions avaient eu lieu par le nord de l'Europe, surtout par la vallée du Danube ; mais le courant septentrional n'est pas le seul : d'autres tribus aryennes étaient venues avant les Hellènes, avant même les Celtes, en suivant les rivages de la Méditerranée.

Hérodote a soin de distinguer chez les Grecs la souche hellénique de la souche pélasgique ; il regarde la seconde comme autochthone, c'est-à-dire comme ayant occupé la Grèce avant l'autre, dont elle avait fini par adopter la langue. Il y avait aussi des Pélasges en Italie, et il faut croire que ce terme réunissait sous une dénomination commune plusieurs tribus aryennes arrivées en Europe par les bords de la mer ; leur langue, dont le latin, l'osque et plusieurs autres dialectes constituent sans doute des rameaux épars, aurait été, si l'on en croit ces indices, bien plus voisine de celle des Gaëls que la langue grecque. On peut ranger dans la même catégorie les races d'Italie que les historiens considèrent comme les plus anciennes, les Œnothriens, les Sicaniens, les figures, que l'on identifie ordinairement avec les Ibères. Les figures paraissent s'être de bonne heure alliés aux Celtes ; Celtes et Ligures étaient probablement deux fractions du même peuple ayant choisi pour leur migration vers l'Occident des routes différentes ; il est certain que dans la France méridionale, où le fond de la population était ligurien, la plupart des noms de rivières, de peuplades et de localités conservent une étymologie celtique facile à reconnaître.

Dans cette classification des races européennes par la langue, il ne resterait donc en dehors de la famille aryenne que les Basques ou Euskariens et les Finnois, ceux-ci rejetés vers le nord, ainsi que les Lapons, qui paraissent s'y rattacher, les autres cantonnés dans les gorges des Pyrénées occidentales. L'affinité évidente du finnois, de l'esthonien, du magyare, du bulgare, du turc, avec les idiomes des tribus nomades qui habitent le long du Volga et dans la région de l'Altaï a permis de classer toutes ces langues et les races qui les parlent dans la grande famille *touranienne*, comprenant des peuples distincts des Aryens, par les traits physiques, et dont le langage se réduit par l'analyse à des racines qui ne ressemblent en rien aux racines aryennes. M. Max Müller s'est attaché particulièrement à définir le caractère.de ces langues d'une structure toute spéciale ; il les appelle *langues agglutinantes*, c'est-à-dire langues à racines primitives accolées et comme cimentées par juxtaposition. Ces racines. tout en se combinant pour former des mots, demeurent distinctes et s'altèrent très peu. Le savant professeur considère toutes ces langues comme se rattachant à une période moins avancée de l'humanité ; il y voit une tendance particulière de l'esprit appliquant à la formation du langage un procédé moins perfectible. Quant aux idiomes aryens, il les réunit sous la dénomination de *langues à flexions*, parce que les mots, composés d'éléments syllabiques primitivement distincts, sont susceptibles de se prêter, pour obéir à la pensée, à des déviations qui les abrègent, les soudent, les altèrent, en modifient l'aspect et la valeur, et nous permettent de varier par une foule de nuances l'expression de nos idées. Nos cas, nos modes, nos déclinaisons, la plupart de nos terminaisons, ne sont que des flexions qui ont eu originairement un sens déterminé, et qui traduisent à l'aide d'un procédé très ingénieux les opérations les plus complexes de l'esprit.

Aussi nos langues à flexions, souples comme les intelligences à qui elles servent d'organe, sont perpétuellement exposées à donner naissance à de nouveaux dialectes, où reparaît pourtant l'empreinte de la langue primordiale. Non-seulement la grammaire des langues à flexions, soumise à une loi de développement particulier, reste la même chez tous les peuples qui font partie de la famille aryenne ; mais les mots eux-mêmes ne s'altèrent pas arbitrairement : dans le mot qui se forme, il persiste toujours quelque vestige de celui dont il est sorti. La linguistique démontre la régularité de la marche suivie par ces altérations, et souvent cette étude permet de remonter jusqu'à la source des mots. C'est ainsi que les langues aryennes, répandues maintenant dans le monde entier, se rattachent toutes à l'ancien sanscrit et au zend, et par eux à la langue d'un petit peuple qui habitait, il y a six mille ans, les montagnes de l'Asie intérieure.

Les langues sémitiques, c'est-à-dire l'hébreu, le syriaque, l'arabe, le chaldéen et quelques autres rameaux détachés, composent une autre famille. Plus simples dans leur structure essentielle,

I. — La paléontologie du langage et les grandes races asiatiques.

plus immuables dans leurs éléments, presque dépourvues de voyelles, aisément ramenées à des racines de trois lettres, les langues sémitiques se décomposent avec moins de facilité en dialectes, mais par cela même elles se prêtent aussi moins bien à ces transformations successives qui ont assuré aux idiomes aryens une vie toujours renaissante et une immense diffusion. Les langues sémitiques, comme l'a exposé M. Renan, semblent l'apanage exclusif et expriment les tendances d'une race développée au sein d'une région déterminée. En dehors de ce cercle restreint, l'idiome sémitique languit et ne tarde pas à disparaître au contact dissolvant du langage aryen. A côté des Aryens et des Sémites, M. Renan place avec raison les Couschites, race bien distincte, à qui serait due la plus ancienne civilisation des bords du Nil et de l'Euphrate. Cette civilisation, la première que le soleil vit éclore dans notre Occident, semble indiquer des tendances et des instincts peu élevés. Vouée à l'industrie et aux sens plutôt qu'aux choses de l'intelligence, n'ayant qu'un sentiment vague de la liberté et de l'idéal, mais adroite, inventive et même élégante, elle semble être promptement arrivée à maturité, mais aussi avoir immobilisé de bonne heure le cadre de son organisation sociale. En fait de religion, elle préféra un culte réaliste aux spéculations ardentes des Sémites et aux rêveries naïves, mais toujours empreintes de poésie et d'une sorte d'intuition philosophique que conçut le génie primitif des races aryennes. Les affinités des Couschites avec les Berbères du nord de l'Afrique, la liaison hypothétique du copte, qui diffère peu de l'ancien égyptien, avec les idiomes sémitiques, présentent des obscurités qu'on n'est point parvenu jusqu'à présent à éclaircir. Il est en effet des bornes que la linguistique ne saurait franchir encore. Par exemple, elle ne saurait nous apprendre si les principales races de l'Asie occidentale ont eu un même point de départ. M. Renan, d'accord sur ce point avec M. Müller, affirme que l'analyse la plus obstinée ne saurait aboutir à aucun résultat quand on l'applique à rapprocher l'une de l'autre des familles de langues basées sur des procédés diamétralement opposés. L'analogie, dont le fil précieux sert de guide à la philologie comparée comme à la paléontologie proprement dite, disparaît ici tout à fait et nous laisse en présence d'éléments absolument irréductibles. Il est permis cependant, en s'adressant à un ordre différent de considérations, de peser les raisons qui militent en faveur d'une origine commune. Les Aryens, les Sémites, les Couschites, ont trop de convenances physiques, intellectuellement ils offrent des divergences trop faibles, historiquement ils ont vécu trop mêlés, pour qu'*a priori* on les suppose absolument distincts. De plus les traditions bibliques, réunies aux souvenirs légendaires de tous ces peuples, reportent invinciblement l'esprit vers les hauts plateaux de l'Asie centrale. Nous retrouvons ainsi les trois grandes races personnifiées par Sem, Cham et Japhet. Si la linguistique livrée à ses seules forces est impuissante à remonter jusqu'à leur berceau, elle éclaire du moins de ses inductions certains côtés du problème de la formation du langage.

Il est évident que le langage est le plus puissant des instruments dont puisse disposer l'esprit de l'homme. Suivant l'opinion développée avec infiniment de justesse par M. Müller, l'intelligence ne pouvait pas plus exister en dehors du langage que celui-ci sans la première. L'intelligence est le moteur ; mais ce moteur devient lui-même plus actif et plus pénétrant lorsqu'il peut se servir d'an instrument qui l'aide à acquérir de nouvelles forces. C'est ainsi qu'un ouvrier est d'autant plus habile qu'il possède un outil plus parfait, et que cette même habileté le porte à perfectionner sans cesse l'instrument dont il se sert. Le langage et l'intelligence sont ainsi à la fois cause et effet l'un par rapport à l'autre, ou plutôt ils réagissent incessamment l'un sur l'autre. Telle famille de langues dont l'imperfection paraît notoire a donné jadis aux races qui la parlèrent une supériorité relative et momentanée, et d'autre part les racés dont la langue est la mieux adaptée aux délicatesses de la pensée ont pu posséder d'abord un idiome grossier en apparence, mais renfermant déjà les germes de tous les perfectionnements futurs. En outre, la race qui a créé une langue peut la transmettre, et c'est là pour les peuples un des plus puissants moyens d'assimilation. Le langage, cet actif instrument de progrès, varie essentiellement dans ses éléments constitutifs ; autre est la langue à flexions des Aryens, autre la langue déjà moins souple, à flexions imparfaites, des Sémites, et ces langues diffèrent des idiomes touraniens, ou la flexion disparaît, et qui aboutissent au langage purement monosyllabique des Chinois. Le chinois est à la fois la plus simple et la plus immobile de toutes les langues humaines ; il semble que ce soit aussi la plus anciennement fixée.

I. — La paléontologie du langage et les grandes races asiatiques.

Les langues à flexions, ramenées aux racines, se décomposent en dernière analyse en termes monosyllabiques dont le sens est plutôt celui d'une qualification que d'un objet ou d'un acte déterminé ; l'attribut dans ce qu'il a d'abstrait semble donc avoir produit tous les mots, et ces mots auraient été d'abord des monosyllabes que le génie particulier de chaque race aurait ensuite coordonnés de plusieurs manières, tendant toujours à particulariser et par conséquent à multiplier l'expression de toutes les idées, d'abord vagues et flottantes. Ce qui plus tard a constitué la grammaire serait donc sorti d'une sorte de fonds obscur où l'humanité originaire aurait puisé spontanément, amassant les matériaux informes du langage avant de les polir et de les assembler. Cette dernière tâche a pris des siècles ; mais certaines races se sont arrêtées avant les autres, leur élaboration plus hâtive a été aussi moins complète, surtout moins susceptible de perfectionnement. Ces systèmes linguistiques des races primitives peuvent être comparés à des chemins qui, très rapprochés à l'origine, s'écarteraient néanmoins de façon que ceux qui s'y seraient engagés, croyant voyager côte à côte, se trouveraient insensiblement transportés dans des régions toutes différentes, sans pouvoir ni retourner en arrière, ni aboutir au même but, ni se rejoindre jamais.

Pour nous résumer, la paléontologie du langage a permis d'affirmer l'existence d'un certain nombre de races supérieures dont le berceau doit être placé au centre de l'Asie. Les Sémites, les Aryas, les Couschites, forment un premier groupe dont la division en trois rameaux est assez ancienne pour que chacun d'eux ait créé, une famille de langues déjà distinctes il y a plus de six mille ans. A côté de ces races et au-delà des traditions qui témoignent chez elles du souvenir de leur commune origine, on en trouve d'autres plus confuses, qu'il n'est point aussi facile de ramener à une famille particulière, et dont les langues se rapprochent davantage de l'état monosyllabique primitif, que les Chinois seuls paraissent avoir conservé. Ces races nomades ou touraniennes, asiatiques comme les précédentes, mais plus excentriques, ont été les premières en contact avec les Aryas, lorsque ceux-ci habitaient encore leur premier berceau, et plus encore dès qu'ils commencèrent à s'étendre vers l'Aral et la Caspienne. Les Touraniens paraissent avoir pénétré en Europe bien avant les Aryas, quoiqu'ils n'en soient pas les premiers habitants ; mais la linguistique nous fait ici complètement défaut, c'est l'archéologie qui la remplace. Elle nous montre toute une série de monuments antérieurs à l'âge du fer et révélant l'existence d'une civilisation primitive dont la durée a été fort longue, et pendant laquelle les Européens ne connaissaient en fait de métaux que l'or et le bronze. Cette époque avait été elle-même précédée de plusieurs autres ; les Européens s'étaient d'abord servis de la pierre polie et auparavant de la pierre taillée par éclats ; ils avaient vu, à travers une longue série de générations, les phénomènes physiques se succéder et la nature animée changer d'aspect.

Les questions qui se rattachent à cet ordre d'idées sont innombrables, encore nouvelles, quelques-unes discutées : nous voudrions cependant en esquisser les principaux traits ; mais, comme au-delà des commencements des sociétés modernes rien n'est connu ni par les langues ni par les traditions, il vaut mieux nous adresser directement et immédiatement à la géologie, qui seule peut nous répondre. L'histoire de l'homme dans ces temps éloignés se trouve liée à celle du sol où l'on recueille les traces de son passage. Nous nous placerons donc en pleine géologie, en nous enfonçant assez avant dans le passé pour ne plus apercevoir rien de l'homme. Nous redescendrons alors le cours des âges, mesurant non plus par siècles, mais par succession de phénomènes, et nous verrons ainsi, après les premiers vestiges, incertains et contestés, les indices se multiplier, et l'humanité de plus en plus visible se dégager du fond obscur où ses germes dormaient ensevelis, marcher à la lumière et prendre peu à peu la voie du progrès qu'elle n'a plus quittée.

II. — La paléontologie et les races européennes primitives

En plaçant vers l'Asie intérieure le berceau des grandes races historiques, on obtient un premier groupement dont les termes extrêmes se trouvent déjà séparés par un intervalle énorme, puisque, selon l'expression de M. Renan, les Chinois sembleraient représenter une autre humanité, n'ayant rien de commun avec la nôtre, qu'on se place au point de vue du langage, des traits physiques ou de la civilisation. Si l'on admettait, comme le veut M. Max Müller, que chaque famille de langues correspond à l'une des périodes par lesquelles le langage humain a dû passer, il en résulterait que les races qui les parlent seraient des rameaux successivement détachés du même tronc ; les divergences seraient proportionnelles au temps écoulé depuis la séparation de chaque rameau, et l'ensemble de ces rameaux formerait une sorte d'arbre généalogique qui rappellerait le mode de filiation des espèces, tel que le conçoit M. Darwin. D'un autre côté, à mesure qu'on remonterait dans le passé, on verrait les races se rapprocher et l'identité initiale de leurs procédés intellectuels se trahir de plus en plus ; mais cette convergence rétrospective, en apparence si favorable à la théorie des monogénistes, serait encore loin de prouver l'unité de la race humaine. On s'apercevrait en effet qu'en voulant concentrer en un seul groupe les familles de langues dont il a été question jusqu'ici, on serait obligé de laisser en dehors une multitude de tribus sauvages, dispersées jusqu'aux extrémités du globe, et l'espace qui les sépare déjà du ces familles ne ferait que s'agrandir.

On peut encore invoquer en faveur de l'ancienneté de certaines races cet argument assurément nouveau et très singulier que leur distribution originaire coïncide avec les limites probables des terres et des mers dans la dernière période géologique. Il faut convenir que, si le Sahara a été fond de mer jusqu'après la fin des temps tertiaires, comme l'admettent la plupart des géologues, la région habitée par les nègres aurait eu très anciennement des bornes parfaitement précises. L'archipel des Canaries, qui semble, avec Madère et les Açores, un dernier reste du continent de l'Atlantide, possédait naguère dans ses Guanches une race toute particulière. Les régions polaires et notamment le Groenland, aujourd'hui désolés, mais autrefois couverts d'une riche végétation, se trouvent occupés par les Esquimaux. Le trait de conformité le plus saillant entre l'ancienne distribution des continents et celle des races humaines ressort de l'étude du centre de l'Asie et des parties contiguës de la Russie méridionale. La réunion en une seule mer du bassin aralo-caspien, l'extension de cette mer sur une grande partie des steppes entre l'Oural et le Volga et sur le pays des

Kalmouks, sont attestées par les géologues les plus compétents[1] ; cette mer baignait au sud le pied du Caucase. Les limites orientales en sont incertaines ; mais, d'après les observations des voyageurs et les indices tirés des annales de la Chine, elle aurait rempli le désert de Gobi, situé au nord du Tibet. C'est aux mouvements du sol, dont l'exhaussement aurait fait refluer les eaux, que l'on peut attribuer les souvenirs relatifs au déluge, conservés chez les races dont le berceau a été placé sur les bords de cette mer. Groupés le long des rives et au fond des golfes de cette méditerranée primitive, mais séparés par de grandes nappes d'eau, les Touraniens, les Chinois, les Aryas et les Sémites n'ont pu d'abord se mêler directement. L'accès de l'Europe leur était fermé, sauf aux Touraniens, qui purent s'y rendre par le nord. Le dessèchement partiel de ces eaux ouvrit des voies de communication et permit à plusieurs de ces races d'envahir des contrées jusque-là défendues par des barrières infranchissables. Ainsi non-seulement l'Europe primitive a son histoire géologique qui lui assure une place à part. mais à l'époque où l'homme commence à se répandre, les terres qui la soudent à l'Asie semblent avoir formé une immense lagune. De vastes nappes liquides, des sources, des cours d'eau, des glaciers, des pluies diluviennes, de l'eau sous toutes les formes, c'est là ce que nous montre l'époque quaternaire, et tout ce que nous observerons en Europe nous confirmera dans cette pensée que l'abondance des eaux a caractérisé l'âge que l'on a d'abord nommé *diluvien*, puis *glaciaire*, lorsqu'on a eu constaté l'énorme extension que prirent alors les glaciers.

Ce qu'on a dit de l'abondance des glaces et du froid excessif de cette époque demeure vrai à la condition de ne pas quitter le périmètre des anciens glaciers ; les animaux, les plantes et le climat de l'extrême nord reparaissent encore maintenant dès qu'on s'élève sur les Alpes. La théorie glaciaire absolue a été une illusion. Tous ces êtres que l'on supposait avoir péri par suite de la violence du froid ont bien plutôt disparu lorsqu'un climat plus sec et des saisons plus extrêmes ont aggravé pour eux les conditions d'existence ; peut-être même l'homme a-t-il été le plus inexorable et le plus meurtrier des destructeurs dès qu'il s'est trouvé suffisamment en nombre.

---

1 Voyez principalement M. d'Archiac, *Histoire des progrès de la Géologie*, t. II, p. 299 et 930.

II. — La paléontologie et les races européennes primitives

Tant qu'il a été faible et isolé, les causes naturelles agissaient encore seules ; mais il s'en est affranchi peu à peu, et dès lors son influence est devenue sensible, puis prépondérante. Dans cette période, il a dû lutter contre la nature extérieure avant de la dominer ; il faut donc dire ce qu'était celle-ci au moment où l'homme y fit son apparition.

L'Europe était, comme nous l'avons dit, presque entièrement séparée de l'Asie. Les alentours de l'Oural et de l'Altaï, ainsi que les profondeurs de la Sibérie, formaient une vaste région humide, basse, coupée de forêts et de marécages, sillonnée de puissantes rivières, peuplée de mammouths, de rhinocéros et d'autres grands animaux appropriés à un climat déjà froid, mais qui n'avait rien d'excessif. Les animaux, après s'être multipliés sans obstacle, formaient d'immenses troupes, et étendaient librement leurs courses jusque sur les bords de l'Océan arctique. Il est aisé de concevoir que les mammouths et les rhinocéros, attirés dans le nord par la belle saison et la bonté des pâturages, aient été plusieurs fois surpris par des crues, des inondations passagères, et se soient enfoncés dans la boue glacée de ces parages ; c'est à de pareils accidents que se réduisent sans doute les révolutions subites auxquelles on a jusqu'ici attribué la conservation de leurs cadavres. Au lieu de voir partout l'action de catastrophes, il faut presque toujours invoquer celle d'un temps très long. Les blocs erratiques, les cailloux roulés, les graviers et les limons de toute provenance, le remplissage des cavernes, le creusement des vallées, paraissaient d'abord dépendre d'une cause unique, violente et passagère ; plus tard, en considérant ces phénomènes de plus près, on en a reconnu la complexité, on a essayé de démêler les effets caractéristiques de chaque ordre particulier de forces et d'en déterminer la succession et l'importance relative. C'est ainsi que l'on a dû tenir compte du temps qu'exigent évidemment le polissage des cailloux roulés, l'érosion de certains terrains, le dépôt des concrétions de tufs. Enfin on a expliqué par l'action des glaciers et des glaces flottantes le transport des blocs erratiques et d'une foule de matériaux dont la présence était restée jusqu'alors une sorte d'énigme.[1] S'il est maintenant une vérité acquise, c'est la diversité

1   Sur *les Glaciers et la période glaciaire*, voyez une série d'articles publiés dans la *Revue* par M. Ch. Martins, livraisons des 15 janvier, 1er février et 1er mars 1867.

des causes qui ont agi pendant l'époque quaternaire, ou pour mieux dire la distribution de ces causes par régions et l'antériorité des unes par rapport aux autres. Ce point de vue une fois adopté, il ne reste que la surprise qui naît de l'intensité des phénomènes. Tout semble alors taillé sur un plus grand patron : non-seulement les animaux dépassent la proportion ordinaire ; mais les glaciers sont immenses, les rivières s'élèvent bien au-dessus du niveau actuel, des blocs erratiques d'un volume démesuré sont transportés à des distances et à des hauteurs prodigieuses, le limon provenant des pluies est si épais qu'on a été longtemps à en pressentir la vraie origine. Il semble donc qu'une cause générale ait primé les causes partielles et imprimé à l'ensemble un caractère tout particulier de grandeur. Cette cause se reconnaît sans trop d'effort, elle est unique en effet : c'est l'extrême abondance des eaux, due sans doute à l'existence de vastes étendues fournissant à l'évaporation, et peut-être au concours de plusieurs circonstances combinées.

Les événements géologiques qui influèrent alors sur la configuration du sol européen peuvent être ramenés à un petit nombre dont il est facile de saisir l'importance. Après les derniers temps tertiaires, pendant lesquels notre continent s'était graduellement refroidi, l'abaissement de la partie septentrionale envahie par la mer, amena ce que l'on nomme *le phénomène erratique du nord* ; cédant ensuite à une oscillation en sens inverse, mais aussi lente que la première, le nord de l'Europe revient de nouveau à la surface des eaux. Les principales chaînes se recouvrent alors d'énormes glaciers. Cependant le froid devient peu à peu plus vif, le climat moins égal et plus continental ; en dernier lieu, la diminution progressive de l'humidité amène le retrait des glaciers, le refoulement vers le nord des animaux qui en fréquentaient les approches et le commencement de l'état présent. Tous ces changements ont dû exiger un temps dont sir Charles Lyell a essayé de donner une évaluation approximative. Il a montré que, lors du phénomène erratique, il avait fallu que l'Angleterre, tout le nord de l'Allemagne, la Pologne, la Russie jusqu'à Moscou et Kiev, la Scandinavie, sauf les massifs montagneux les plus élevés, descendissent peu à peu sous les eaux de la mer, qui dans le pays de Galles dépassaient au moins de 1,500 pieds le niveau actuel, tandis qu'en Scandinavie elles étaient hautes de 250 mètres et se

II. — La paléontologie et les races européennes primitives

prolongeaient en diminuant graduellement de profondeur vers les plaines d'Allemagne et de Russie. Dans toute cette étendue, les glaces flottantes ont promené des blocs granitiques et déposé sur le sol sous-marin le *drift*, sorte de limon mêlé de graviers et de fragments anguleux dont la nature minéralogique a permis de reconnaître la provenance. C'est en se basant sur la puissance et la continuité du *drift* que M. Lyell a évalué à deux cent mille ans au moins la durée probable de cette grande oscillation. Dès lors cependant l'homme existait en Europe ; on ne saurait en douter, quoique les premières traces qu'il a laissées soient bien rares et aient longtemps échappé aux yeux les plus sagaces. Revenons en arrière pour mieux exposer les circonstances au milieu desquelles il se montre pour la première fois.

Certaines parties de la côte d'Angleterre, dans le Norfolk, ont fourni des détails sur l'aspect que présentait le nord de l'Europe avant le commencement du phénomène erratique. On y a observé les restes d'une forêt submergée (*forest-bed*), recouverte dans la suite par le limon et le gravier glaciaires. Cette forêt était principalement composée de sapins, dont on retrouve les troncs et les cônes ; ce sont des espèces perdues et peut-être en réalité plus voisines des sapins d'Amérique que des nôtres. Au pied des grandes Alpes, avant l'extension des glaciers, c'est-à-dire a peu près à l'époque où nous cherchons à nous placer, les principales essences étaient le pin, le sapin et le bouleau. Tout le nord de l'Europe jusqu'aux Alpes avait donc revêtu un aspect sévère qui s'écartait peu de ce qu'on y observe de nos jours ; mais la vigueur de cette végétation se trouvait favorisée par l'humidité du climat, demeuré encore très égal. Rien ne saurait exprimer l'abondance des eaux qui se répandaient alors par toute l'Europe et jusqu'au fond de l'Algérie ; pour reconstituer la Somme, le Rhin, le Rhône, la Durance de cet âge, c'est à 100 mètres pour le premier de ces fleuves, à plus de 60 pour les seconds, à 50 au moins pour le dernier, qu'il faut relever le niveau présenté par eux aujourd'hui. A cette époque, on remarque déjà une différence sensible entre le climat de l'Europe centrale et celui des parties méridionales, où la végétation semble changer de caractère. On y trouve le laurier des Canaries associé au laurier indigène, au figuier, au micocoulier, au pin de Montpellier, auxquels se joignent la vigne, le gaînier, le frêne à la manne, quelquefois même le platane et le liquidambar. Les animaux offraient une grande richesse de formes ; toutefois il existe dans la manière d'apprécier leur origine, leur rôle, en un mot les phases de leur histoire sur notre sol, des difficultés sans cesse renaissantes. Rien n'échappe à l'analyse comme la faune quaternaire ; non-seulement elle se lie à celle des derniers temps tertiaires, dont elle n'est d'abord qu'un prolongement, mais sa distribution géographique et la proportion relative de ses espèces par rapport aux espèces vivantes changent à plusieurs reprises. Ces changements sont très irréguliers ; on remarque l'existence de deux courants, dont le premier n'a cessé de refouler vers le midi certains animaux d'abord répandus dans le nord, et dont le second, plus récent, a repoussé d'autres animaux dans les régions froides, soit en Europe, soit en Amérique. Dans la première catégorie, il faut ranger les éléphants, les rhinocéros, les hippopotames, qui à l'origine ont habité sur les bords de la Seine et de la Tamise, mais dont l'existence s'est prolongée bien plus longtemps dans la région méditerranéenne ; dans la seconde, il convient surtout de placer le renne, qui a joué un si grand rôle en Europe à l'époque des glaciers, le bœuf musqué, qui se retrouve encore en Amérique près du cercle polaire, et la marmotte, maintenant reléguée au sommet des Alpes. D'autres animaux, remarquables par leur taille, leur vigueur ou leur férocité, comme l'éléphant à toison ou mammouth, le rhinocéros à narines cloisonnées, l'ours des cavernes, la hyène et le tigre des cavernes, le cerf à bois gigantesque, ont disparu graduellement, soit par la diminution des conditions favorables à leur existence, soit par l'action de l'homme s'exerçant pour la première fois sur une grande échelle. C'est sous l'influence de cette cause aussi que le cheval, le bœuf primitif, l'aurochs ou bison d'Europe, l'élan et différents cerfs ont cessé peu à peu d'exister à l'état libre.

Ainsi non-seulement certaines races d'animaux furent refoulées par d'autres, mais en se plaçant à une époque déjà moins reculée vers l'origine des temps quaternaires ou observe une différence notable entre la faune du nord et celle du midi de l'Europe ; d'ailleurs chaque espèce se meut dans une aire d'habitation dont on peut encore fixer approximativement les limites. D'après M. Edouard Lartet, le rhinocéros de Merk, le rhinocéros à narines minces et celui d'Etrurie auraient été renfermés entre le 36e et le 51e degré de latitude nord, avec une extension en longitude de 17 degrés, tandis que le rhinocéros à narines cloisonnées et le mammouth s'étendaient depuis le versant nord des Pyrénées jusqu'au 70e parallèle en Sibérie, et sur 130 degrés en longitude. Il est vrai que ces deux dernières espèces étaient revêtues d'une fourrure épaisse qui manquait probablement aux autres. Deux espèces d'éléphants, l'éléphant antique et l'éléphant méridional, le premier rapproché de celui des Indes, le second de celui d'Afrique, quittèrent promptement le nord, mais pour prolonger leur existence dans le midi de l'Europe. On peut conjecturer pour ces animaux des migrations annuelles ; tant que l'accès des plaines du nord ne leur a été fermé ni par l'extension des glaciers ni par des courants devenus infranchissables, ils ont pu venir chaque année pendant l'été chercher de frais pâturages ; plus tard, ils auront été forcés de se renfermer dans des régions qui à la fin n'auront plus suffi à les nourrir. Le caractère le plus saillant de la faune méridionale, c'est qu'elle comprenait des animaux qui ne se retrouvent plus que dans le sud de l'Afrique. Les travaux de M. Gervais et dernièrement ceux de MM. Marion et Bourguignat, aidés de l'expérience de M. É. Lartet, ont mis au jour ce curieux phénomène. La hyène tachetée, le léopard, auraient habité nos contrées ; l'éléphant d'Afrique existait en Espagne, et M. Gaudry a ajouté l'hippopotame actuel à la liste des animaux dont les restes ont été recueillis dans les sablières de Grenelle et de Clichy. Tous vivaient alors sur notre sol, harmonieusement distribués selon leurs aptitudes, sans que rien troublât encore cet équilibre exact de la vie que l'homme seul a eu le pouvoir de détruire à son profit. Nous avons dit qu'il existait déjà, mais il était encore faible ; il se glissait silencieusement à travers cette nature si forte, si vivante, si effrayante par son énergie, et qu'il devait pourtant abattre, peut-être était-il déjà bien éloigné de sa première origine ; de récentes observations tendraient à le prouver. M. l'abbé Bourgeois a recueilli dans le calcaire de Beauce des silex qui lui ont paru travaillés par la main de l'homme ; ces vestiges nous reporteraient en plein terrain miocène. Dernièrement une mâchoire de rhinocéros de la même époque a présenté une entaille visible ; le plus sage est de ne pas se prononcer et d'attendre.

La forêt submergée de Norfolk, dont nous avons cité plus haut les sapins, était fréquentée par l'éléphant méridional, auquel se joignaient le rhinocéros à narines minces, un grand hippopotame, un castor gigantesque, et, chose encore plus remarquable pour un dépôt qui touche à l'époque quaternaire, un singe du genre des macaques. Un fait analogue a été signalé par M. Gervais dans les sables presque contemporains de Montpellier, où il a observé deux singes. Il faut conclure de ces faits que le refroidissement du climat européen était alors bien peu avancé, circonstance qui a dû favoriser le développement des premières races humaines bien plus que ne l'aurait fait un froid violent. En effet, des indices certains de la présence de l'homme ont été rencontrés à Saint-Prest, non loin de Chartres, dans un dépôt de sables et de cailloux renfermant les mêmes espèces d'animaux que la forêt submergée. C'est en retirant de leur gangue sableuse les ossements de ces animaux que M. J. Desnoyers remarqua des entailles et des incisions provenant d'une main humaine et pareilles à celles que les races moins anciennes de l'âge de pierre pratiquaient sur les crânes et les os longs des animaux dont ils se nourrissaient pour en extraire la moelle ou en détacher les parties molles. Cette découverte fut d'abord accueillie avec incrédulité, mais elle a fini comme tant d'autres par être acceptée comme l'expression de la vérité. Depuis, M. l'abbé Bourgeois en a confirmé l'authenticité en recueillant dans le même dépôt des silex taillés en tête de lance, en poinçons, en grattoirs, mais si grossièrement travaillés qu'il faut un œil exercé pour y reconnaître la main de l'homme.

Telle est la date la plus reculée où il se laisse entrevoir en Europe ; nous le trouvons armé déjà, vivant de proie, s'attaquant aux plus grands animaux, les dépeçant pour s'en nourrir, et par conséquent connaissant le feu ; mais quelle était cette race, que sait-on de sa taille, de son aspect, de ses aptitudes ? Il est impossible de répondre à ces questions ; il faut même traverser toute la période qui correspond au phénomène erratique du nord pour retrouver des traces humaines. Ces hommes déjà bien plus récents, les plus anciens pourtant qui aient laissé quelques débris d'eux-mêmes, sont ceux que M. Boucher de Perthes a fait connaître au monde savant et que celui-ci refusa si longtemps d'admettre. Pour vaincre cette résistance, ce ne fut pas assez des savants français les plus consciencieux, on dut procéder par enquête et faire appel aux étrangers, spécialement aux Anglais. Personne ne songe plus à contester ces découvertes ; elles consistent principalement en haches ou hachettes[1] de silex, taillées à grands éclats, en forme de disque oblong, ovale ou triangulaire, quelquefois en palette, ou prolongé par un des côtés en une sorte de manche ; les bords amincis au moyen d'éclats donnent à l'instrument une forme plus ou moins régulière qui saute aux yeux de l'observateur. La dimension de ces outils primitifs est en général bien supérieure à celle des instruments d'un âge plus récent ; ces derniers sont aussi plus variés. Il semble donc que la division du travail, cet indice de la perfectibilité humaine, ne se soit manifestée que peu à peu. L'homme du renne possédait tout un atelier d'objets dont la destination a pu être déterminée approximativement ; mais ici l'homme n'a encore que des instruments très peu diversifiés et qui semblent avoir été indifféremment appliqués à plusieurs usages. C'est l'indice d'un développement rudimentaire. Si dans l'enfance des langues les racines toutes monosyllabiques représentent à la fois l'objet et l'attribut et, par extension, le verbe, on conçoit que l'intelligence primitive appliquée à l'industrie n'a dû trouver que peu à peu les formes différentes qu'un instrument peut présenter pour être mieux adapté à un usage déterminé ; tout ce qui particularise et par conséquent multiplie les opérations de l'esprit est une complication à laquelle l'homme n'arrive que par degrés.

Du reste, rien de plus aisé à saisir que la physionomie des instruments de cet âge ; on en a rencontré successivement sur bien des points de l'Europe et toujours dans des graviers contemporains de ceux de la Somme ; ils sont fréquents, au témoignage de M. Lubbock, dans le Suffolk, le Kent, le Bedfordshire, le Hampshire. Ceux que M. Wyatt a trouvés dans des graviers près de Bedford offrent d'autant plus d'intérêt que ce gravier repose sur le» détritus glaciaire et fixe l'âge précis de ces spécimens et de ceux d'Abbeville et d'Amiens aux temps qui suivirent le phénomène erratique du nord. D'autres ont été recueillis dans la vallée de la Seine, notamment auprès de Grenelle et à Précy, près de Creil. M. de Verneuil en a rapporté présentant le même type des environs de Madrid ; enfin M. Noulet a été assez heureux pour en rencontrer un assez bon nombre non loin de Toulouse, et il a pu constater que les

---

1 Ce nom désigne d'une manière très imparfaite un instrument dont on ignore en réalité la destination.

Gaston de Saporta

cailloux qui en avaient fourni la matière provenaient des Pyrénées et avaient dû être apportés de fort loin. M. de Mortillet, l'un des hommes les plus versés dans ces sortes de matières, a cru retrouver dans ces instruments les indices de deux époques successives et bien caractérisées ; les haches lancéolées ou sub-triangulaires seraient les plus anciennes et occuperaient la base du terrain ; dans un lit un peu supérieur et par conséquent plus récent, la forme ellipsoïde ou ovoïde allongée serait la plus répandue, et marquerait ainsi une sorte de changement analogue à ceux qu'amènent pour nos meubles le temps et la mode.

Les animaux contemporains de cette race n'étaient déjà plus tout à fait les mêmes que ceux des couches de Saint-Prest ; l'élimination qui a enlevé à l'Europe tant d'espèces était déjà commencée. On ne retrouve plus l'éléphant méridional, qui dans l'intervalle avait abandonné le nord avec le rhinocéros à narines minces et celui de Merk ; l'éléphant antique, devenu plus rare, cédait la place au mammouth et au rhinocéros à narines cloisonnées, animaux mieux adaptés par leur fourrure épaisse aux hivers septentrionaux. Cependant l'hippopotame fréquentait encore nos rivières, et le cerf à bois gigantesque, le renne, qui commençait à se répandre, plusieurs autres cerfs, des bœufs, des aurochs formaient avec le cheval d'immenses troupeaux pour qui l'ours et le tigre des cavernes étaient encore des ennemis plus redoutables que l'homme lui-même. Il est vrai qu'en dehors des instruments qu'ils ont taillés nous ne connaissons presque rien de ces hommes ; à peine quelques débris d'ossements, des dents, un morceau de crâne, la fameuse mâchoire de Moulin-Quignon, si controversée et qui paraît pourtant authentique, c'est là tout. A part certaines particularités de structure, on ne saurait rien avancer de sérieux sur cette race. Les hommes des temps qui suivirent sont mieux connus, quoique, dans tout ce qui tient à l'anthropologie proprement dite, la lumière ne se fasse que très tard, c'est-à-dire lorsqu'on avance jusque dans l'âge du renne.

L'anthropologie, qui n'est que de l'anatomie comparée appliquée à l'homme, a pris une importance toute particulière dès qu'il s'est agi d'apprécier le caractère des races primitives par l'étude de leurs ossements. Il a fallu d'abord créer des points de repère destinés à servir de base aux déductions analogiques, et par conséquent fixer la signification relative des diverses parties du squelette ainsi que la valeur des modifications qu'il présente lorsqu'on passe d'un groupe à l'autre ; il a fallu enfin ne négliger aucun indice matériel susceptible de rendre compte du degré plus ou moins élevé de l'intelligence le long de cette échelle graduée qui part de l'Australien et du Hottentot pour arriver jusqu'à l'Européen le plus civilisé. Il en est résulté une véritable science qui compte déjà des noms éclatants parmi lesquels il est. naturel de citer ceux de Huxley, de Quatrefages, Vogt, Broca, Pruner-Bey. Une société d'anthropologie fondée à Paria centralise ces études qui ont pris une grande extension et. que plusieurs publications périodiques répandent chaque jour davantage. A la grandeur des difficultés que soulèvent ces questions, on peut mesurer celle de l'œuvre, qui est sans doute au début, et ne peut avancer que très lentement, tant les matériaux sont rares et incomplets. Jusqu'à présent, il n'est qu'un bien petit nombre de points sur lesquels on ait su s'accorder en cherchant à définir le véritable caractère et l'origine présumée des anciennes races. Ici les données purement paléontologiques gardent leur supériorité, parce qu'elles se fondent au moins sur une classification régulière qui permet de saisir l'ordre de succession des phénomènes, sinon d'en découvrir toute la signification. D'ailleurs la race humaine, étant la plus susceptible de perfectionnement, a dû varier plus que toute autre, et ses caractères physiques ont pu se transformer par la culture progressive de ses facultés, l'accroissement de l'aisance et le changement des mœurs.

L'âge qui succède à celui des graviers de la Somme emprunte ordinairement son nom à l'ours des cavernes, carnassier redoutable que l'homme a dû combattre et qui probablement exerçait de grands ravages. L'homme lui-même continue à se montrer, mais ses restes authentiques sont toujours plus rares que ses instruments. On recueille ces derniers tantôt sur le sol, tantôt dans des grottes qu'il commence à habiter ; c'est dans les lieux qui lui servirent de refuge que l'on rencontre les débris de son industrie et quelquefois ses propres ossements. A cet âge, il faut aussi rapporter les silex du Moustier, dans la Dordogne ; ils sont plus petits que ceux d'Abbeville, tout en affectant une forme assez analogue, et sont taillés à grands éclats d'après le même procédé, quoiqu'ils se rapprochent par certains détails de ceux de l'âge suivant. Il semble aussi que les crânes célèbres d'Engis et de Neanderthal aient appartenu à une race de cette époque ; le premier a été trouvé par le Dr Schmerling dans un caveau des environs de Liège, le second dans une grotte voisine d'Elberfeld, en Allemagne. Ils ont donné lieu à des controverses interminables, et malheureusement ils étaient assez mal conservés pour qu'il n'y ait pas lieu d'en être surpris. Malgré des différences sensibles, ils peuvent avoir appartenu à la même race, puisque tous deux reproduisent le type dolichocéphale, c'est-à-dire que le diamètre antéro-postérieur est plus grand que le diamètre transversal. Ils se distinguent également par le faible développement du front, la saillie des arcades sourcilières et la dépression de la voûte crânienne ; mais dans le crâne de Neanderthal cette dépression est tellement prononcée qu'on a voulu y reconnaître un crâne d'idiot. La même forme elliptique ou en arc surbaissé a été cependant observée depuis sur d'autres crânes, datant même de l'époque historique, ainsi que sur une portion de crâne découverte dans le *lehm* ou alluvion du Rhin, à Eguisheim, près de Colmar. M. Gervais a fait observer la tendance des têtes dolichocéphales à prendre cette forme, et d'ailleurs la question semble avoir pris une autre face depuis la découverte qui a été faite en avril dernier à la station des Eyzies (Dordogne). Cette découverte nous conduit aux premiers temps de l'âge du renne, âge qui ne semble différer du précédent que par l'extrême multiplication de ce ruminant et du cheval, tandis que les grands animaux de race éteinte, particulièrement le mammouth et l'ours des cavernes, commencent à disparaître. L'homme au contraire devient plus fort, plus adroit et plus nombreux. On trouve cependant encore des vestiges qui témoignent de l'existence de ces grands animaux, ce sont leurs parties dures, souvent travaillées par la main de l'homme, mais surtout des dessins tracés à la pointe ou des sculptures qui les représentent. Nous devons ces trouvailles aux infatigables travaux de MM. É. Lartet, Christy, de Vibraye, Garrigou, Bourgeois et tant d'autres dont il serait trop long de dresser la liste. Ces figures, ordinairement très naïves, expriment parfois une sorte d'idéal ; elles ne manquent ni de mouvement, ni de trait ; les bœufs, les chevaux, les cerfs et surtout le renne, que ces peuplades avaient constamment sous les yeux, sont représentés avec vérité et fournissent le sujet des principales scènes. Le mammouth apparaît aussi quelquefois, mais c'est déjà un animal rarement aperçu, qu'on n'ose regarder qu'à la dérobée ; il est rendu avec plus de fantaisie que les autres, et cependant l'on retrouve jusqu'aux poils de sa longue crinière.

Les ustensiles de ménage, de chasse, de combat, ne sont pas moins remarquables, quoique le silex et l'os en fournissent seuls la matière ; ils sont délicatement taillés, et parfois ils révèlent à l'œil un certain sentiment d'élégance. Quel progrès sur les âges précédents ! Voici les couteaux, les spatules, les poinçons, les gouges, les scies, les pointes de flèches et de javelines, les grattoirs pour préparer les peaux, les haches propres à recevoir une emmanchure ; voici les harpons, les manches de poignards, les bâtons de commandement guillochés de fines ciselures, voici enfin les aiguilles déjà fines et de plusieurs grandeurs, annonçant la couture et marquant le travail de la femme, qui a son rôle dans la famille. L'industrie de cette race, que M. Lartet a retrouvée au fond des cavernes du Périgord, révèle des aptitudes intellectuelles que la découverte faite aux Eyzies d'une sépulture comprenant plusieurs têtes a pleinement confirmées. Ces découvertes, nous l'avons dit, reportent aux premiers temps de l'âge du renne. Les proportions générales des membres annoncent une stature élevée, caractère qui contraste avec la petite taille généralement attribuée jusqu'ici aux races primitives. Les têtes, dont plusieurs sont admirablement conservées, offrent des types de divers âges et des deux sexes ; elles sont belles de proportions et présentent une capacité crânienne considérable, des signes manifestes d'intelligence ; les parois de la boîte osseuse sont minces, tandis qu'elles avaient présenté dans d'autres cas une épaisseur surprenante. Le type est franchement dolichocéphale : mais le développement de la partie postérieure des hémisphères est évident, tandis que la partie frontale est plutôt resserrée ; le front est assez bas et fuyant ; les arcades sourcilières ont de la saillie ; la racine du nez est écrasée ; les yeux devaient être enfoncés dans les orbites ; la face est courte, la bouche large, le menton manque de saillie ; le prognathisme est manifeste. On saisit aisément la physionomie de cette race, chez qui les facultés affectives et celles d'instinct semblent avoir été bien plus développées que les autres. Elle devait être laide, suivant nos idées ; elle rappelle les Kalmouks sous beaucoup de rapports, et suivant M. le docteur Pruner-Bey, elle se rattacherait directement au type esthonien et par conséquent à une race touranienne. M. Broca y voit une race à part chez laquelle les signes de l'intelligence seraient associés à des caractères appartenant aux rameaux les plus inférieurs de l'humanité. En résumé, nous pouvons admettre que cette race du Périgord était supérieure à la moyenne des races sauvages d'aujourd'hui ; elle nous représente de vrais hommes, doués d'intelligence, avec des traits durement exprimés qui semblent un mélange du type nègre et du type esthonien.

Les fouilles opérées par M. É. Dupont dans la province de Liège en 1866 et 1867 l'ont amené à des résultats bien différents à plusieurs points de vue. Là aussi d'immenses quantités d'instruments et de débris de toute nature provenant de l'âge du' renne ont été mis au jour ; le nombre des éclats de silex a dépassé 36,000. Parmi eux, la forme nommée couteau prédomine tout à fait, et paraît à M. Dupont caractéristique, ainsi que la présence du renne, qui n'est plus accompagné que d'animaux encore vivants, quoique plusieurs aient depuis émigré. Il résulterait donc de ce témoignage que nous touchons ici à la fin de l'âge du renne, tandis que les cavernes du Périgord nous ramènent plutôt vers le début de cet âge, alors que les espèces éteintes se montraient encore avec plus ou moins d'abondance à côté de l'animal qui formait la principale nourriture de l'homme.

La race qui habitait alors la Belgique différait de celle du Périgord par sa petite taille ; son crâne plus arrondi rentrait dans le type brachycéphale, mais avec des variations fréquentes dans la forme de la voussure occipitale et de la mâchoire, tantôt nettement orthognathe, tantôt au contraire plus ou moins prognathe, c'est-à-dire penchée en avant, comme celle des nègres. Le plus souvent cependant le crâne affecte une forme pyramidale, la face est aplatie et en losange ; l'usure des dents molaires est circulaire, creusée vers le milieu et tout à fait caractéristique. Cette usure se retrouve chez la plupart des races d'alors dans toute l'Europe, et indique soit une particularité congéniale, soit un effet de la trituration des substances alimentaires. Cette race, éminemment troglodyte, taillait le silex ; elle travaillait aussi les os et surtout le bois de renne. Moins avancée que la race du Périgord, dont elle différait physiquement, elle était dépourvue de toute aptitude pour les arts ; elle était cependant curieuse de substances rares, brillantes ou singulières, et recueillait avec soin celles qu'elle rencontrait. Le renne et surtout le cheval constituaient la base de son alimentation ; insouciante et sale comme les Esquimaux et les Lapons, elle demeurait au milieu des restes de ses repas et des chairs putréfiées. Déjà pourtant le soin de la sépulture et certains usages funéraires révèlent chez elle des instincts plus élevés. Ces usages étaient universels ; la célèbre grotte d'Aurignac, dans la Haute-Garonne, a montré sous ce rapport la même disposition que le trou Frontal et la caverne de Furfooz, explorés dernièrement par M. Dupont. Le lieu de la sépulture occupait la partie la plus reculée ; les morts y étaient déposés les uns sur les autres, et on y plaçait à côté d'eux leurs armes, des ornements et des objets divers, ainsi qu'un vase en poterie ; une dalle fermait l'entrée de cette espèce de caveau funéraire, et le séparait d'une sorte de vestibule, où se donnaient des repas funèbres dont les débris se retrouvent constamment.

La race belge, malgré sa petite taille, était agile, musculeuse, adroite ; d'après certains indices, elle aurait prolongé son existence jusque dans l'âge de la pierre polie et peut-être plus tard encore. M. Pruner-Bey n'a point hésité à la rattacher à la famille ouralo-altaïque du grand rameau touranien, et à faire ressortir les ressemblances physiques qui la rapprochent des Lapons. Le prognathisme qui est si visible dans quelques-unes de ces têtes pourrait faire pencher vers d'autres conclusions ; mais M. Gervais a remarqué avec raison que ce caractère joint à la brachycéphalie se retrouvait chez les peuples de l'extrême nord, auxquels il devient dès lors naturel d'assimiler les populations belges de l'âge du renne. Il est visible que la coexistence de plusieurs types de crânes et l'association de caractères très variables sont un indice de la présence de plusieurs races combinées ou juxtaposées. Les proportions sont impossibles à déterminer, mais le mélange se laisse apercevoir malgré la distance. Le rapprochement de ces races avec divers rameaux touraniens n'est pas une preuve de leur origine asiatique. L'influence des races sorties de l'Oural ou de l'Altaï a pu se faire sentir en divers temps et de plusieurs manières, sans que l'on doive pour cela rapporter à ce point de départ la filiation de toutes les races européennes de l'âge de pierre. L'idiome touranien que parlent les Esthoniens et, à ce qu'il paraît, les Lapons a pu être transmis à ces peuples par une race supérieure ; d'ailleurs bien des mélanges successifs ont dû s'opérer à la surface de l'ancienne Europe. Il est peu probable qu'une race se soit jamais substituée à une autre en l'exterminant tout à fait ; s'étendant ou se resserrant suivant les ressources que leur procurait la chasse, les peuplades de l'âge du renne ont dû flotter incessamment au gré de leurs aptitudes et des circonstances favorables ou contraires. La concurrence vitale pouvait chez elles s'exercer sans limite et produire tous ses effets, c'est-à-dire une sorte de fractionnement des caractères physiques tant que l'espace fut assez libre pour demeurer ouvert à tout venant, et ensuite une sorte de mêlée universelle jusqu'à ce que le croisement, la fusion ou l'absorption d'une partie des éléments primitifs, peut-être aussi l'influence de races plus avancées, soient venus donner à certaines tribus un avantage relatif sur les autres. C'est ainsi qu'a pu s'exercer l'influence des Touraniens arrivés de l'est ; mais cette influence de tribus immigrantes a dû se borner à constituer des familles ou des castes initiatrices faisant accepter leurs coutumes, leurs idées et leur langue. Il est certain qu'aucun changement ethnographique un peu violent n'a troublé le développement régulier des races européennes avant l'arrivée des premiers Aryas, et que ceux-ci durent eux-mêmes s'allier aux peuples qui existaient alors en opérant une fusion quelconque des éléments anciens et des éléments nouveaux ; ce que firent les Aryas, d'autres ont pu le faire avant eux. Toutes les races primitives semblent procéder les unes des autres ; l'âge de la pierre polie, caractérisé par l'érection des dolmens, l'abandon des cavernes, l'usage de l'agriculture, la connaissance des animaux domestiques, la disparition du renne et du cheval comme base de l'alimentation, paraît être un simple développement de celui qui précède. L'introduction même du bronze, qui opéra une si grande révolution dans les usages des peuples de l'Europe, n'est due à aucune race conquérante ; ce métal pénètre peu à peu, surtout à l'aide de moyens commerciaux dont M. Alexandre Bertrand a signalé le double courant, et qu'il attribue à l'influence des Couschites, dès lors riches d'inventions industrielles. Les transmissions par voie d'échange sont encore employées dans le centre de l'Afrique, où des séries d'intermédiaires se passent de main en main des objets qui pénètrent ainsi jusque dans les profondeurs du continent.

II. — La paléontologie et les races européennes primitives

Une question relative aux tendances morales des populations de l'âge de pierre a été quelquefois soulevée ; c'est celle de leur anthropophagie, tour à tour affirmée par les uns, contestée ou niée par les autres. Deux jeunes savants ont récemment soutenu qu'elles se nourrissaient parfois de chair humaine, et les preuves qu'ils apportent sont assez sérieuses pour que nous soyons tenté d'en dire quelques mots. L'un d'eux, M. Marion a observé le premier des vestiges de l'âge du renne en Provence. La race qui vivait alors dans cette contrée est très peu connue ; elle possédait quelques caractères en commun avec celles du nord et du centre, particulièrement l'usure des molaires, l'épaisseur des parois du crâne, la taille inférieure à la moyenne. Ce qui a attiré l'attention de M. Marion dans l'examen de la station de Saint-Marc, près d'Aix, c'est que les débris humains, mêlés à des restes de foyer et eux-mêmes calcinés en partie, étaient tous brisés ou entaillés de main d'homme de façon a faciliter l'extraction des parties molles ; les fragments de crâne sont petits, anguleux et à arêtes vives ; les os longs ont été fendus suivant un procédé bien connu et appliqué à ceux des animaux. Il y avait là les restes d'au moins six individus tous jeunes ou à peine adultes, et rien n'y révèle une sépulture. M. Garrigou dans une notice récente a publié des faits analogues, observés dans l'Ariège, et, selon lui, ils se seraient prolongés jusque dans l'âge de la pierre polie. C'est à ce même âge de la pierre polie qu'appartient la caverne de Lombrives, d'où M. Garrigou a extrait plusieurs crânes remarquables par la beauté de la conservation et le caractère tranché qu'ils présentent. L'usure de la surface triturante des dents se montre la même que dans les crânes de Belgique ; mais M. Vogt, qui a eu ces têtes entre les mains, est porté à voir dans cette particularité un résultat du mode d'alimentation plutôt qu'un caractère de race. Il s'accorde du reste avec M. Broca pour reconnaître le type basque dans ces crânes, visiblement dolichocéphales, et plus analogues à ceux des races aryennes qu'aucun de ceux' dont il a été question jusqu'ici. Il est vrai que M. Broca distingue deux types de dolichocéphalie, dépendant du prolongement proportionnel des parties frontales ou occipitales, et qu'il place les Basques dans la dernière catégorie, en les rattachant aux races africaines. Cette supposition se trouverait en même temps favorisée par divers indices paléontologiques que nous avons signalés et par la réunion présumée du sol de l'Espagne à celui du continent voisin jusque dans un âge très rapproché du nôtre.

Cette hypothèse, seule explication que l'on ait encore hasardée de la présence en Europe d'une race dont la langue a échappé jusqu'ici à tout essai d'analyse, terminera ce résumé d'une foule de notions trop curieuses pour demeurer éparses, mais qu'aucun lien définitif ne réunit encore. La moisson est immense, à peine commencée ; on ne peut en mesurer l'étendue, encore moins en calculer les résultats. Ces sortes de découvertes, loin d'être particulières à l'Europe centrale, se sont déjà répétées dans le sud de l'Espagne, en Algérie, en Sicile et jusqu'en Syrie, d'où M. Éd. Lartet a rapporté des instruments en silex, recueillis dans les brèches osseuses du Liban, et pareils à ceux de la Dordogne et de la Belgique. Toute synthèse serait prématurée ; il est évident pourtant, selon l'opinion de plusieurs esprits de premier ordre, que les Européens actuels ne sont pas tous de sang aryen, comme on l'a cru pendant si longtemps. Bien des races diverses ont habité notre sol avant l'avènement tardif des Aryens et y étaient arrivées à une sorte de culture et de civilisation relatives. Traversant une longue série de modifications et de progrès, les habitants de l'Europe ont d'abord taillé la pierre pour s'armer, puis ils l'ont adaptée à certains usages ; ils ont façonné les ossements des animaux, et, s'habillant de leur peau, ils ont longtemps vécu dans des cavernes, chasseurs comme toutes les races primitives ; enfin, quelle que soit la véritable cause de ce changement, ils ont quitté les antres pour des cabanes, ils ont connu l'agriculture, les plantes textiles et alimentaires, possédé des animaux domestiques et fondé des sociétés politiques. Ils ont alors poli la pierre et donné naissance à un peuple puissant dont les dolmens furent les monuments funèbres. On peut le suivre à partir de l'ouest, où il présente une densité plus grande, et d'où il est probablement parti pour s'étendre vers l'est et le sud à travers les grandes vallées ; le Jura, les bords de la Méditerranée vers l'Aude et le Var, semblent marquer la limite de ses ramifications extrêmes. Ce peuple connut l'or, le bronze et une sorte d'opulence grossière ; il est inutile d'insister encore sur la longue durée de l'âge du bronze et sur les populations de toute sorte que l'Europe renferma dans son sein ; quelques-unes, comme celle des cités lacustres de Suisse, ont laissé des traces nombreuses de leur existence. Certainement toutes ces races n'ont pas disparu en un jour devant les premières immigrations celtiques ; celles-ci déterminèrent une nouvelle fusion, que les Cymris, les Germains, les Slaves, couches successives de ces alluvions humaines, sont venus compléter plus tard. De ces éléments, associés ou confondus, sont sorties les populations modernes dont l'ensemble, à travers tant de croisements, représente la race la plus énergique, la plus intelligente et la plus féconde qui fut jamais. Le véritable progrès est sans doute à ce prix, et l'unité de l'homme se refait ainsi sur une base indestructible.

On est donc ainsi amené à constater pour l'homme la loi nécessaire du progrès, la loi de la perfectibilité ; elle est inscrite sur chaque échelon que l'humanité gravit dans sa marche progressive, elle explique aussi l'infériorité de certaines races, leur déclin et leur disparition au contact de races plus fortes, mieux armées pour ce combat de la vie qui se poursuit dans la nature entière. La certitude de cette loi nous explique pourquoi il est si difficile de remonter par l'observation des faits contemporains jusqu'au berceau des races humaines. L'examen de celles que nous avons sous les yeux nous fait à peine entrevoir les divers degrés qu'elles ont dû traverser ; l'état antérieur et originaire nous échappe entièrement ; obscur et faible, comme tout ce qui commence, il n'a eu pour témoins que des acteurs peu nombreux et qui ont entièrement disparu de la scène. Les races actuelles sont le résultat d'une cause qui n'existe plus. Chaque race, survivant dans une partie de ses descendants et succombant dans les autres, a longuement élaboré les traits qui la caractérisent. A la distance où nous sommes du point de départ, il se trouve que la plupart des jalons intermédiaires ont été enlevés. Ce que nous connaissons n'est que le dernier résultat d'une série de transformations obscures. La paléontologie seule, en fournissant des dates précises et des éléments directement empruntés à un passé sur lequel nous manque toute autre donnée, pourrait encore ici servir de guide ; mais toute science a son côté faible, celui de la paléontologie consiste dans la rareté et l'insuffisance des documents. Jusqu'à quel point est-il permis de croire que nos inductions les plus hardies pourront pénétrer dans le passé de l'homme ? C'est là un secret aussi obscur que celui de l'origine même du genre humain ; c'est déjà beaucoup de pouvoir affirmer, malgré tant de préjugés contraires, que cette origine dépasse en ancienneté tout ce qu'on avait supposé jusqu'ici.

II. — La paléontologie et les races européennes primitives

ISBN : 978-1546499282

www.ingramcontent.com/pod-product-compliance
Lightning Source LLC
Chambersburg PA
CBHW061450180526
45170CB00004B/1641